Daniel Gromotka

Entwicklung, räumliche Differenzierung und Probleme der Stadtregion San Francisco

Daniel Gromotka

Entwicklung, räumliche Differenzierung und Probleme der Stadtregion San Francisco

GRIN Verlag

Bibliografische Information Der Deutschen Bibliothek: Die Deutsche Bibliothek verzeichnet diese Publikation in der Deutschen Nationalbibliografie; detaillierte bibliografische Daten sind im Internet über http://dnb.ddb.de/ abrufbar.

1. Auflage 2005
Copyright © 2005 GRIN Verlag
http://www.grin.com/
Druck und Bindung: Books on Demand GmbH, Norderstedt Germany
ISBN 978-3-638-67834-6

Heinrich-Heine-Universität
Düsseldorf

Geographisches Institut

<u>Referat</u> im Rahmen des Oberseminars „Großstädte im Westen der USA.
Entwicklung und heutige Bedeutung",
SS 2005

<u>Thema:</u> Entwicklung, räumliche Differenzierung und Probleme der
Stadtregion San Francisco

verfasst von:
Daniel Gromotka
Haupfach Geographie (M.A.)
10. Fachsemester

Inhaltsverzeichnis

Tabellenverzeichnis

Abbildungsverzeichnis

1 Einleitung

San Francisco und die dazugehörige Stadtregion, die sich rings um die San Francisco Bay erstreckt, gilt als eine der wirtschaftlich erfolgreichsten Regionen der USA. So gehörten im Jahr 2000 von den neun Counties dieses Gebietes acht zu den wirtschaftlich stärksten Counties Kaliforniens (insgesamt 58), gemessen am Pro-Kopf-Einkommen. 2001 wurde in jedem County der Stadtregion die durchschnittliche Arbeitslosenquote Kaliforniens, die bei 5,3 % lag, unterschritten. (STATE OF CALIFORNIA 2002, 24 und 70). Floeting und Golm heben auch die besonders hohe Qualifikation der dort lebenden Arbeitnehmer hervor (FLOETING/GOLM 1991, 145).

Diese Tatsachen sind das Ergebnis eines Entwicklungsprozesses, der mit dem Beginn des Aufstiegs San Franciscos im 19. Jahrhundert begonnen und in der gesamten Region -vor allem im vergangenen Jahrhundert- ein umfangreiches Wachstum und Ausbreiten von Bevölkerung und Wirtschaft verursacht hat. Die vorliegende Arbeit hat zum Ziel, diese Entwicklungen nachzuzeichnen. Dabei wird auch auf die aktuelle Situation und die mit dem Wachstum einhergehenden Probleme eingegangen.

Kapitel 2 dient der kurzen geografischen Abgrenzung des Großraums San Francisco.

Im dritten Kapitel erfolgt eine Darstellung San Franciscos, der Kernstadt des betrachteten Raums. Zum einen wird die wirtschaftliche Entwicklung der Stadt beschrieben. Zum anderen werden auch die verschiedenen Einwanderungswellen sowie Herkunfts- und innerstädtische Zielorte der verschiedenen Einwanderergruppen und Gentrifizierungsprozesse innerhalb einiger Stadtviertel kurz dargestellt. Diese beiden für den amerikanischen Raum typischen Prozesse werden nur für die Stadt San Francisco exemplarisch aufgegriffen, da es im Rahmen der vorliegenden Arbeit nicht möglich ist, eine dies bezügliche Darstellung des Gesamtraums bzw. aller Teilräume aufzuzeigen.

Das 4. Kapitel ist der Entwicklung der gesamten Stadtregion, unter besonderer Berücksichtigung der Suburbanisierung, gewidmet. Zunächst wird der Gesamtraum dargestellt und in einzelne Teilräume gegliedert, deren Entwicklung, insbesondere hinsichtlich Bevölkerung und Wirtschaft, darauf folgend einzeln nachgezeichnet wird. Daran schließt sich eine Skizzierung der gegenwärtigen Situation und ausgewählter Probleme der Stadtregion an.

Kapitel 5 fasst die wichtigsten Aspekte der Arbeit zusammen.

Es sei darauf verwiesen, dass im Regelfall die neuesten statistischen Daten, die in dieser Arbeit Verwendung finden, dem US-Zensus des Jahres 2000 entstammen, da dieser nur einmal in zehn Jahren erhoben wird und Zahlen neueren Datums oft nur auf Schätzungen beruhen.

2 Räumliche Abgrenzung der Stadtregion San Francisco

San Francisco liegt am nördlichen Rand einer Halbinsel (San Francisco Peninsula) an der pazifischen Küste des US- Bundesstaates Kalifornien (37°46' nördlicher Breite, 122°26' westlicher Länge). Westlich der Halbinsel befindet sich der offene Ozean, östlich davon die San Francisco Bay. Die Stadt bildet zusammen mit Oakland am Ostufer der Bucht und San Jose, welches südlich der Bucht liegt, die Kernstädte eines Verdichtungsraumes, der in der amerikanischen Amtsstatistik als „Consolidated Statistical Metropolitan Area (CMSA) of San Francisco-Oakland-San Jose" bezeichnet wird und eine Fläche von ca. 18.111 Km² einnimmt (STATE OF CALIFORNIA 2002, viii und 2). Daneben benutzt die Literatur für diesen Raum auch die Bezeichnung „(San Francisco) Bay-Area" (siehe z.B. CERVERO/WU 1998, 1060; FLOETING/GOLM 1991, 144; GODFREY 1997, 316), die auch in dieser Arbeit im Folgenden verwendet wird. Das Gebiet umfasst die Counties Alameda, Contra Costa, Marin, Napa, San Francisco (deckungsgleich mit der gleichnamigen Stadt), San Mateo, Santa Clara, Solano und Sonoma (STATE OF CALIFORNIA 2002, viii). Abbildung 1 zeigt eine Karte der Bay Area und ihre Lage innerhalb Kaliforniens. Abbildung 2 zeigt eine Karte San Franciscos, inklusive einer groben Angabe der Stadtbezirke.

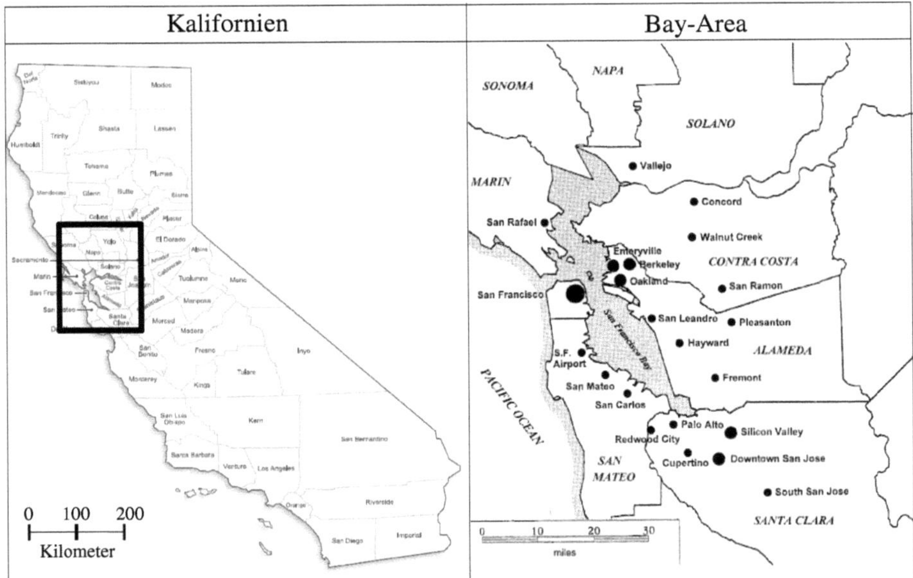

Abbildung 1: Die Bay-Area und ihre Lage innerhalb Kaliforniens (Kalifornien-Karte aus: STATE OF CALIFORNIA 2002, xi, Maßstab und quadratische Markierung: Eigene Darstellung; Karte der Bay-Area aus CERVERO/WU 1998, 1064).

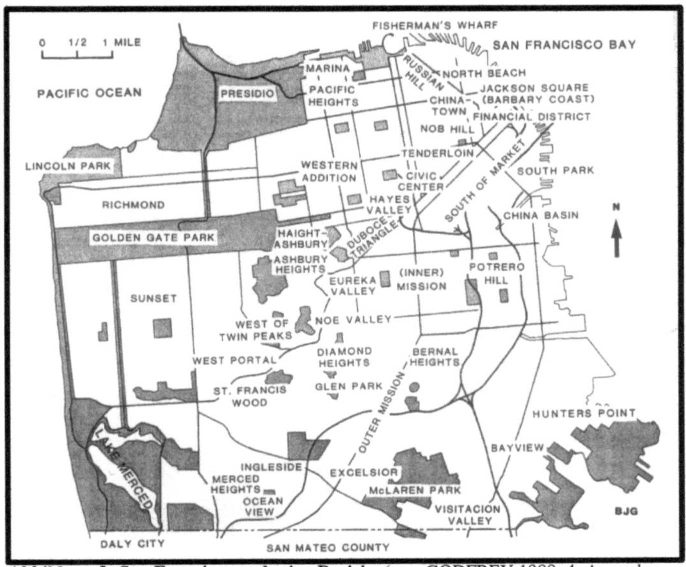

Abbildung 2: San Francisco und seine Bezirke (aus: GODFREY 1988, 4; Anmerkung: dunkle Flächen = unbebaute Gebiete; Linien = wichtige Straßen)

3   Die Entwicklung der Kernstadt San Francisco

Historischer Kernpunkt der Stadt bildete die spanische Franziskanermission „Dolores" im Norden der Halbinsel, die 1776 während der spanischen Kolonialzeit angelegt wurde. Eine erste größere Siedlung, genannt „Yerba Buena", bildete sich in der Nähe der Mission im Jahr 1835. Nach dem Rückzug Spaniens aus Amerika gehörte das Gebiet zunächst zum mexikanischen, dann ab 1848 zum US-amerikanischen Kalifornien (Beitritt zur Union in 1850). Seit jenem Jahr wird für die Siedlung der Name *San Francisco* verwendet. (JOHNSON 1966, 131 und CHASE et al. 1976, 209).

Ein erster großer Wachstumsschub erfasste die Siedlung bereits im Jahre 1848, als viele Goldgräber in die Stadt zogen und San Francisco als Ausgangspunkt ihrer Goldsuchaktivitäten benutzten. Diese auch als „Goldrausch" bezeichnete Episode wurde durch Goldfunde am Fuße der Sierra Nevada initiiert und dauerte bis 1852 an. (HAHN 2002, 325).

Der Goldrausch diente vor allem Einwanderern aus Irland und Deutschland, ferner solchen aus Skandinavien und Osteuropa, als Pull-Faktor der Migration, die auch nach dieser Phase fortdauerte. Als Push-Faktoren der Einwanderung nennt Godfrey eine Wirtschaftskrise und die durch eine

Kartoffelpest ausgelöste Hungersnot in Irland sowie wirtschaftliche und politische Krisen (Scheitern der Revolution von 1848) in Deutschland. (GODFREY 1988, 59 f.). Aufgrund des rapiden Wachstums wurde San Francisco 1850 zur Stadt erklärt (CHASE et al. 1976, 209).

Bereits zu dieser Zeit bestand ein für US-amerikanische Städte typisches schachbrettartiges Straßennetz. Der Naturhafen San Franciscos entwickelte sich zu einem wichtigen Handelsplatz und Ankunftsort der Einwanderer, auch aus Ostasien, insbesondere China. Diese trieben als Arbeiter den nächsten Wachstumsschub der Stadt, der mit dem Bau einer Bahnverbindung nach Chicago (1869) einsetzte, voran. In den Folgejahren errichteten chinesische Einwanderer einen eigenen Stadtteil, genannt „China-Town". (HAHN 2002, 326 f.) Aufgrund der starken chinesischen Einwanderung und ihrer geringen Assimilationsbereitschaft wurde 1882 der weitere Zuzug chinesischer Einwanderer verboten, der erst 1965 durch veränderte Einwanderungsregeln wieder einsetzte, diesmal hauptsächlich getragen von Hong-Kong Chinesen (ZHOU/GATEWOOD 2000, 6 f.).

Die weitere Expansion der Stadt erfolgte durch das rasche Wachstum des Hafens und des Finanzsektors, so dass sich bereits um 1875 ein CBD (Central Business District) als zentraler Standort für Banken, Versicherungen und den Warenhandel herausbildete (GODFREY 1997, 313). San Francisco wurde zur wirtschaftlich dominierenden Stadt des amerikanischen Westens und wurde in dieser Funktion erst um 1940 von Los Angeles abgelöst (CHASE et al. 1976, 209; BLUME 1988, 358).

Nach dem Einwanderungsverbot für Chinesen stellten um die Jahrhundertwende vor allem Europäer (insbesondere Italiener, Iren, Deutsche und Osteuropäer) und Japaner die größten Immigrantengruppen. Ankömmlinge ließen sich in der Regel zunächst in solchen Teilen der Stadt (Einwandererghettos) nieder, die bereits von ihren Landsleuten bewohnt wurden (Chinesen in China-Town, Deutsche und Iren: South of Market und Union Square, Japaner nahe China Town, Italiener und Hispanics in North Beach). Nach einer Akkulturationsphase wechselten vor allem Europäer ihre Wohnorte und das Gebiet der Stadt wurde erweitert. So zogen beispielsweise Arbeiter in den Mission District, welcher zu einem Arbeiterbezirk wurde und wohlhabendere Bürger bezogen im Marina District sowie südlich davon liegende, hügelige Gebiete (wie Pacific Heights, Western Addition, Nob Hill) Quartier, so dass sich die Stadt allmählich in südliche und westliche Richtung ausbreitete. (GODFREY 1988, 62 ff.).

Diese Wachstumsphase wurde durch ein großes Erdbeben, während dessen ca. 500 Baublöcke zerstört wurden, vorerst beendet (HAHN 2002, 326). Neben dem Sachschaden forderte das Beben auch etwa 700 Tote und machte 250.000 Menschen obdachlos. Die Stadt wurde auf den Ruinen rasch bis etwa 1910 wieder aufgebaut. (CHASE et al. 1976, 210).

In der Zwischenkriegszeit setzte das Stadtwachstum wieder ein. Der Großteil der europäischen

Einwanderer kam in dieser Phase aus Italien, so dass North Beach auch als „Little Italy" bezeichnet wurde. Die japanischen Einwanderer ließen sich zu der Zeit verstärkt in Teilen der Western Addition nieder, die man auch „Little Osaka" nannte. (GODFREY 1988, 70 f. und 80 f.).

Es kam zu einem Ausbau der Verkehrsinfrastruktur. Neben der Erweiterung des Hafens erfolgten 1936/37 der Bau der Golden Gate Bridge, die San Francisco mit dem Marin County verbindet, und der Oakland Bay Bridge zwischen San Francisco und Oakland. Auch der CBD wuchs durch den Bau vieler Bürohochhäuser bis zur Wirtschaftskrise der „Großen Depression", die 1929 einsetzte und bis in die 1930er Jahre hineinwirkte, stark an. 1939 war San Francisco Gastgeberstadt der Weltausstellung(GODFREY 1997, 314 f).

Der nächste Wachstumsschub setze im und nach dem Zweiten Weltkrieg ein. San Francisco wurde Standort von Hochtechnologie-Industrien, wie Rüstung und Raumfahrt, Mikroelektronik und Computer. Die Stadt breitete sich flächenmäßig weiter aus, so dass seit etwa 1970 das Stadtgebiet beinahe vollständig überbaut ist.(GODFREY 1988, 64). Seit den 1960er Jahren hat sich das Bild des CBD durch den für US-amerikanische Städte typischen Wolkenkratzerbau gewandelt. Dieser setzte später als in anderen amerikanischen Metropolen (wie New York oder Chicago) ein, da erst seit dieser Zeit erdbebensichere Hochhäuser gebaut werden können, und hatte seine Hochphase in den 1970er und 80er Jahren (HAHN 2002, 325). Floeting und Golm bezeichnen diesen Prozess als „Manhattisierung" (FLOETING/GOLM 1991, 148). Da dieser Prozess zunehmend als Problem aufgefasst wurde, setzten sich Bürgerbewegungen im Jahre 1986 durch und es kam zu einem Bürgervotum („Proposition M"), das das jährliche Büroflächenwachstum im CBD auf 45.000 m² begrenzte (GODFREY 1997, 318).

Insgesamt findet seit Ende des 2. Weltkriegs ein sektoraler Wandel in San Francisco statt. Während die Güterproduktion kontinuierlich abnimmt, nimmt der Anteil des Dienstleistungssektors, insbesondere der Finanz- und Versicherungsbranche, Verkehr und Tourismus stetig zu (GODFREY 1997, 316). So sank die Zahl der Industriebeschäftigten in San Francisco von 1987 bis 1997 um 18 %, während im gleichen Zeitraum die Zahl der Beschäftigten im Dienstleistungssektor um 9 % (ausgehend von einem weitaus höheren absoluten Niveau) angestiegen ist. (HAHN 2002, S. 322).

Für Friedmann ist San Francisco zu einer „World-City" von subnationaler Relevanz aufgestiegen und übernimmt somit ähnliche Funktionen wie Chicago, Toronto, Mailand oder das Rhein-Ruhr-Gebiet. Eine World-City dieser Klasse zieht internationales Kapital an und ist ein urbaner Raum intensiver sozio-ökonomischer Interaktionen. Sie dient der Region als zentraler Ort, der diese als globaler Knotenpunkt mit dem Weltwirtschaftssystem verbindet. (FRIEDMANN 1995, 24 ff.)

Seit dem 2. Weltkrieg änderte sich auch die ethnische Zusammensetzung der Einwanderer. Durch

die Arbeitnehmerknappheit während des Krieges kam es zu einer verstärkten Immigration afro-amerikanischer Arbeiter (vor allem aus Louisiana), so dass der Anteil der Schwarzen an der Gesamtbevölkerung San Franciscos von 0,8 % in 1940 auf 5,6 % im Jahre 1950 rasch anstieg. Sie siedelten sich vor allem in Ingleside und Bayview im Süden San Franciscos sowie in der Western Addition an. Außerdem kam es zur verstärkten Einwanderung von Hispanics aus Lateinamerika, die sich vor allem im ehemaligen (Weißen-) Arbeiterviertel Mission District niederließen, wo ihr Anteil 1950 noch 11%, zehn Jahre später bereits 60 % betrug und der seitdem auch als „El Barrio" (spanisch = Stadtteil) bezeichnet wird und bis heute Siedlungs-schwerpunkt der san franciscanischen Hispanics ist. Zur gleichen Zeit ließen sich auch verstärkt Philippinos in San Francisco nieder. Sie bewohnen vor allem Teile China Towns („Manila Town") sowie Richmond und den Mission Bezirk. Seit den 60er Jahren kam es auch wieder zu einer nennenswerten chinesischen Einwanderung. Allerdings fanden neue Einwanderer weniger im überfüllten China-Town als viel mehr in den Bezirken Nob Hill, Russian Hill, Richmond und Sunset eine neue Heimat. (GODFREY 1988, 98 ff.).

Seit den 1960er Jahren sind Gentrifizierungsprozesse in San Francisco beobachtet worden. Unter *Gentrifizierung* wird eine Aufwertung eines Stadtteils verstanden, bei welchem untere Einkommengruppen durch den Zuzug einkommensstärkerer Schichten aufgrund von Miet- und Bodenpreissteigerungen verdrängt werden (HEINEBERG 2000, 18). Godfrey nennt in diesem Zusammenhang die Bezirke Haight-Ashbury, Western Addition, Castro, Noe Valley, Portrero Hill, Bernal Heights und Teile des Mission Districts (GODFREY 1997, 310).
Er beschreibt den Gentrifizierungsprozess („life-cycle of gentrifying neighborhoods", GODFREY 1988, 177) wie folgt: Ein Stadtviertel mit historischer, aber schlechter Bausubstanz und einer Bevölkerung (häufig Arbeiter) mit niedrigen Einkommen wird zu Beginn des Prozesses von sogenannten „Bohemians" entdeckt und besiedelt. Als Bohemians bezeichnet er Personen mit folgenden Merkmalen: „single-people, counter-culturals, homosexuals, artists, feminist housholds." (GODFREY 1988, 46; für eine andere Abgrenzung von *Bohemians* siehe FLORIDA 2002, 59).
Die Attraktivität des Viertels liegt für sie insbesondere in der sozialen Vielfalt, der Identifikations-möglichkeit mit diversen Subkulturen, der architektonischen und historischen Bedeutung (GODFREY 1988, S. 46). So erlebte der bereits zu Beginn der 60er Jahre von Bohemians bewohnte Bezirk Haight-Ashbury einen starken Anstieg von Bewohnern (auf ca. ein Drittel aller Bezirks-Einwohner) aus der Hippie-Szene und wurde auch als „hippie capital of the world" (Reasoner, Harry, zitiert in: ebenda, 188) bezeichnet. Diese Gruppen sind noch nicht unbedingt wohlhabend, unterscheiden sich eher durch ihren Lebensstil als durch ihre wirtschaftliche Situation von den

bereits zuvor am Ort Wohnenden. Allerdings wird das Viertel durch die Anwesenheit von mehr und mehr Bohemians attraktiv für Angehörige der Mittelschicht, die vor Beginn des Gentrifizierungsprozesses kein oder wenig Interesse hatten, in dem Viertel Quartier zu beziehen. Durch eine einsetzende Immobilienspekulation steigen die Wohnungsmieten bzw. Häuserpreise. So stieg in Haight-Ashbury der durchschnittliche Hauspreis von 35.400 $ (=8 % über dem Stadt-Durchschnitt) bis 1980 auf 155.700 $ (=44 % über dem Stadt-Durchschnitt) an. Das Stadtviertel wird im weiteren Verlauf auch als Standort für den gehobenen Einzelhandel und Unternehmen attraktiv, so dass es zum einen zu einem Zuzug von Oberschichtenangehörigen („bourgeois consolidation") und einem Fortzug von Personen und Haushalten mit niedrigem Einkommen kommt. Der Prozesszyklus endet mit dem verstärkten Fortzug der Bohemians. (GODFREY 1988, 46 f. und 176-178).

Datel und Dingemans weisen zudem darauf hin, dass der Gentrifizierungsprozess auch durch eine bauliche Aufwertung und Restauration älterer Bausubstanz, gepaart mit steigenden Mieten bzw. Preisen für diese Gebäude, einhergeht. Diese bauliche Aufwertung kann auch durch staatliche Träger gefördert werden, wenn der Bezirk zu einem „historic district" erklärt wird. In den 1980er Jahren galten im Großraum San Francisco insgesamt 42 Bezirke als „historic districts", vor allem in Gebieten mit viktorianischer Architektur. (DATEL/ DINGEMANS 1988, 39-43).

Floeting und Golm sind der Ansicht, dass sich durch das starke Anwachsen hochwertiger Dienstleistungsarbeitsplätze im CBD San Franciscos viele gut verdienende, oft allein stehende, Arbeitnehmer in zenralen Wohngebieten San Franciscos ansiedelten, so dass es zu einer Aufwertung dieser Bezirke kam und kommt (FLOETING/GOLM 1991, 151 ff.).

Im Anschluss werden einige wichtige statistische Daten zur oben skizzierten Entwicklung San Franciscos präsentiert. Folgende Tabelle 1 zeigt das Bevölkerungswachstum San Franciscos von 1848 bis 2000.

1848	1860	1880	1900	1920	1940	1960	1980	2000
ca. 1.000	56.802	233.959	342.782	506.676	634.536	740.316	678.974	776.733

Tabelle 1: Bevölkerungsentwicklung San Franciscos von 1848-2000 (Eigene Darstellung. Daten von 1848 entnommen aus: GODFREY 1988, 58; Daten ab 1860 entnommen aus: METROPOLITAN TRANSPORTATION COMMISSION (MTC)/ASSOCIATION OF BAY AREA GOVERNMENTS (ABAG) 2000).

Folgende Tabelle 2 zeigt die ethnische Bevöllkerungszusammensetzung San Franciscos im Jahr 2000. Auch in den letzten Jahren und Jahrzehnten war San Francisco Ziel von Einwanderern, insbesondere aus Asien und Lateinamerika, wie der mit 36,8 % (Jahr 2000; U.S. CENSUS BUREAU 2000) hohe Anteil der nicht in den USA geborenen Bewohner zeigt (zum Vergleich:

New York ca. 24 %, Boston ca. 15 % und Chicago ca. 14 %,; HAHN 2002, 327).

Ethnische Herkunft („Race")	*absolut*	*relativ (in %)*
Europa (Weiße)	338.909	43,6
Asien (vor allem Chinesen, Japaner und Philippinos)	238.173	30,7
Lateinamerica (Hispanics)	109.504	14,1
Afrika (Schwarze)	58.791	7,6
Andere (Indianer, Ozeanier, Mischlinge etc.)	31.356	4,1

Tabelle 2: Die ethnische Herkunft der San Franciscaner im Jahr 2000 (Eigene Darstellung, Daten entnommen aus: METROPOLITAN TRANSPORTATION COMMISSION (MTC)/ASSOCIATION OF BAY AREA GOVERNMENTS (ABAG) 2000).

Allerdings haben sich im Laufe der Zeit die Anteile der einzelnen Ethnien an der Gesamtbevölkerung stark verschoben, wie Abbildung 3 zeigt. Demnach geht der Anteil der weißen Bevölkerung seit der Zwischenkriegszeit kontinuierlich zurück. Der Anteil der Asiaten ist in der Nachkriegszeit stark angestiegen (bis über 30 %). Gleiches gilt für die Hispanics. Der Anteil der Schwarzen ist nach einem starken Wachstum in der Zeit des 2. Weltkrieges seit 1980 rückläufig

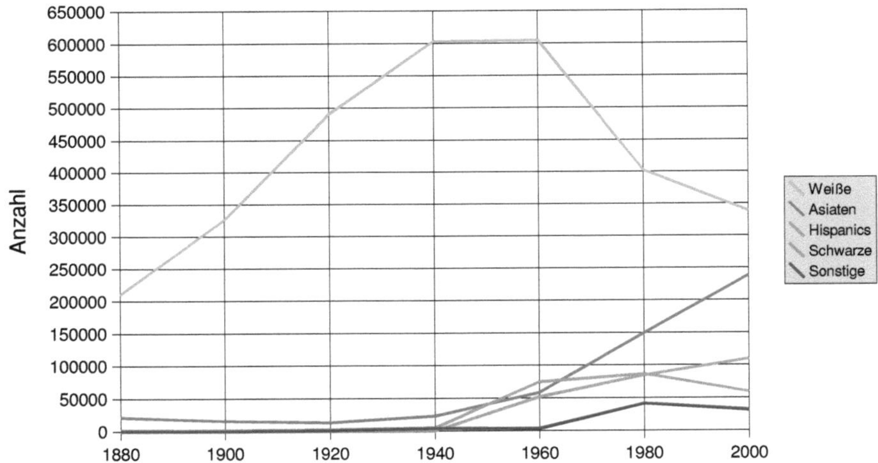

Abbildung 3: Entwicklung der ethnischen Zusammensetzung der Bevölkerung San Franciscos (Eigene Darstellung. Daten von 1880-1960 entnommen aus: GODFREY 1988, 68 und 97; Daten 1980 und 2000 entnommen aus METROPOLITAN TRANSPORTATION COMMISSION (MTC)/ASSOCIATION OF BAY AREA GOVERN-MENTS (ABAG) 2000. Anmerkung: Da es unterschiedliche Erhebungsmethoden für „Hispanics" gab, sind diese auch teilweise unter „Weiße" erfasst. „Asiaten" enthalten von 1880-1940 Chinesen und Japaner; 1960 Chinesen, Japaner, Philippinos; 1980-2000 zusätzlich Personen anderer asiatischer Herkunft, wie Korea, Vietnam, Thailand etc.) .

Folgende Abbildung zeigt die räumliche Verteilung des Pro-Kopf-Einkommens in San Francisco im Jahr 2000. Dabei wurde als räumliche Einheit das Postleitzahlen-Gebiet („5-Digit ZIP Code Tabulation Area") ausgewählt. Man kann erkennen, dass das Pro-Kopf Einkommen in den Gebieten mit Gentrifizierung relativ hoch ist. Ferner wird ersichtlich, dass insbesondere die Areale mit hohem Anteil schwarzer Bevölkerung (Süden bzw. Südosten) und hispanischer Bevölkerung (Mission District) ein niedriges Pro-Kopf-Einkommen aufweisen.

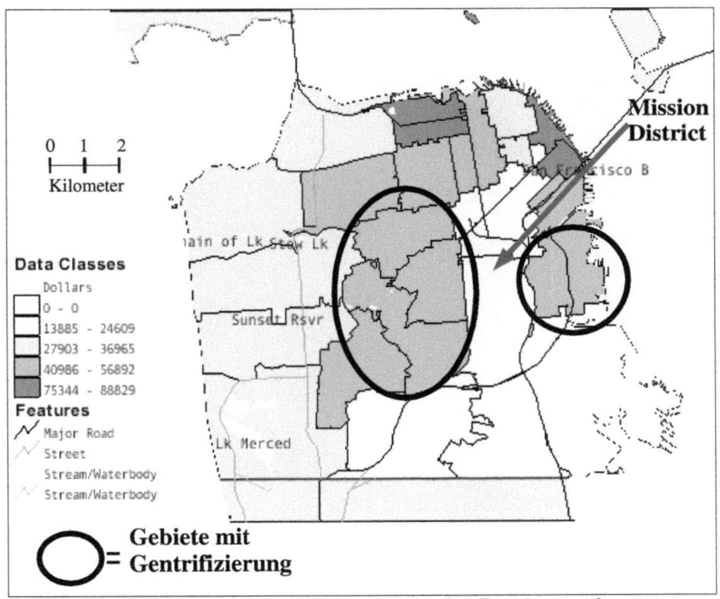

Abbildung 4: Pro-Kopf-Einkommen der Bevölkerung San Franciscos nach Postleitzahlgebieten im Jahr 2000 (Karte entnommen aus: U.S. CENSUS BUREAU 2000a; Maßstab und Markierungen: Eigene Darstellung).

Die Abbildung zeigt auch die Tendenz einer räumlich-sozialen Polarisierung der Bevölkerung. Hahn berichtet, dass der Anteil der mittleren Einkommensschicht von 28 % in 1960 auf 18 % in 1988 zurückgegangen, die Anteile der niedrigen und hohen Einkommenschicht im selben Zeitraum jedoch von 21 % auf 26 % bzw. von 37 % auf 42 % angestiegen sind (HAHN 2002, 328).

4 Die Entwicklung der Bay-Area unter besonderer Berücksichtigung der Suburbanisierung

4.1 Allgemeine Darstellung des Suburbanisierungsprozesses

Die *Suburbanisierung* ist ein Prozess der Ausdehnung der besiedelten Fläche in das Umland einer Stadt. Diese Ausdehnung geht von der Kernstadt aus und hängt funktional mit ihr zusammen. (BRAKE 2001, 15).

Heineberg unterscheidet

- *Bevölkerungssuburbanisierung*: intraregionale Migration der Wohnbevölkerung in das Umland der Stadt,
- *Gewerbe- oder Industriesuburbanisierung*: Umsiedlung von Standorten des sekundären Sektors in das Unland der Stadt
- *tertiäre Suburbanisierung:* Ansiedlung von Dienstleistungen (z.B. Einzelhandel) aber auch Infrastruktur im Umland der Stadt (HEINEBERG 2000, 40).

Durch das Anwachsen der besiedelten und wirtschaftlich genutzten Fläche in Areale außerhalb des administrativen Raums der Kernstadt, bilden sich *Agglomerationen*, also Ballungsräume, heraus. Dieser Prozess wird auch als *Metropolitanisierung* bezeichnet. (LICHTENBERGER 1998, 46 f.).

Obwohl Suburbanisierungsprozesse in Europa in Form der Vorstadtbildung außerhalb befestigter Städte bereits im Mittelalter auftraten, wurde der Begriff zur Beschreibung der US-amerikanischen Stadtentwicklung geprägt (LICHTENBERGER 1998, 46 und HEINEBERG 2000, 40).

Bereits ab dem Ende des 19. Jahrhunderts kam es in den USA zum Umzug städtischer Eliten in attraktive Wohnlagen im Umland größerer Städte. In der Zwischenkriegs-, spätestens aber in der Nachkriegszeit,erfasste die Suburbanisierung breitere Bevölkerungsschichten. Durch das Anwachsen der Kaufkraft im suburbanen Raum folgten ab der Mitte des 20. Jahrhunderts auch Unternehmen ins städtische Umland. Pull-Faktoren dieser Standortverlagerungen waren neben den Absatzchancen auch die im Vergleich zur Kernstadt weitaus geringeren Bodenpreise und die gute Verkehrsinfrastruktur. Als Push-Faktor für Industriebetriebe gilt vor allem die Verdrängung aus der Innenstadt. (MÜLLER/ROHR-ZÄNKER 2001, 28 f.).

Als weitere Gründe, insbesondere für die Bevölkerungssuburbanisierung der Nachkriegszeit, nennt Hahn die Folgenden:

- Motorisierung weiter Teile der Bevölkerung, unterstützt durch den Ausbau der Verkehrsinfrastruktur und dem damit einhergehenden Niedergang des öffentlichen Personenverkehrs

- Staatliche Förderung des Baus von günstigen Einfamilienhäusern im städtischen Umland, verstärkt durch die hohen Geburtenzahlen („baby-boom") der 50er und 60er Jahre und den damit verbundenen Wunsch vieler Familien nach einem eigenen Haus „im Grünen".

Hahn schätzt, dass mittlerweile nur noch 10-30 % der US-amerikanischen Bevölkerung in Kernstädten, aber 60-90 % im suburbanen Stadtumland leben. (HAHN 2002, 33 ff.).

Greift die fortschreitende Siedlungsexpansion auch in ländlich geprägte Räume aus, so wird dies als *Exurbanisierung* bezeichnet. Exurbane Räume dienen vor allem als Wohngebiete und Herkunfts-gebiete eines in den suburbanen oder kernstädtischen Raum führenden Berufspendelverkehrs. (HEINEBERG 2000, 41).

4.2 Die Entwicklung der Bay-Area

4.2.1 Überblick

Die Bay-Area kann unter dem Gesichtspunkt der Suburbanisierungsprozesse in folgende Teilräume gegliedert werden: Ausgehend von den Kernstädten San Francisco und Oakland entwickelten sich als suburbane Räume die Counties San Mateo (südlich von San Francisco) sowie Contra Costa und Alameda, die auch als „East-Bay" bezeichnet werden. Im Süden (auch „South-Bay" genannt) bildete sich insbesondere im County Santa Clara mit der Kernstadt San Jose die Hightech-Region Silicon Valley. (FLOETING/GOLM 1991, 146 ff.)
Die Counties nördlich der San Francisco Bucht („North Bay"): Marin, Sonoma, Napa und Solano sind dünner besiedelt und stark vom Weinanbau geprägt. Sie können als exurbane Zone der Bay-Area bezeichnet werden. (HAHN 2002, 322)

Folgende Tabelle zeigt die Bevölkerungsentwicklung der Kernstädte des Metropolitanraumes, der Counties und des Gesamtraums von 1950 bis 2000.

Jahr	San Francisco	Oakland	San Jose	Alameda	Contra Costa	Marin
1950	775.357	k.A.	k.A.	740.315	298.984	85.619
1960	740.316	367.548	204.196	908.209	409.030	146.820
1970	715.674	361.561	445.779	1.071.446	556.116	208.652
1980	678.974	339.337	629.400	1.105.379	656.380	222.568
1990	723.959	372.242	782.248	1.279.182	803.732	230.096
2000	776.733	399.484	894.943	1.443.741	948.816	247.289

Jahr	Napa	San Mateo	Santa Clara	Solano	Sonoma	Bay-Area
1950	46.603	235.659	290.547	104.833	103.405	**2.681.322**
1960	65.890	444.387	642.315	134.597	147.375	**3.638.939**
1970	79.140	557.361	1.065.313	171.989	204.885	**4.630.576**
1980	99.199	587.329	1.295.071	235.203	299.681	**5.179.784**
1990	110.765	649.623	1.497.577	340.421	388.222	**6.023.577**
2000[f]	124.279	707.161	1.682.585	394.542	458.614	**6.783.760**

Tabelle 3: Bevölkerungsentwicklung der Bay-Area von 1950 bis 2000 (Eigene Darstellung. Daten entnommen aus: METROPOLITAN TRANSPORTATION COMMISSION (MTC)/ASSOCIATION OF BAY AREA GOVERN-MENTS (ABAG) 2000. Anmerkung: San Francisco ist sowohl Stadt als auch County. Die Bevölkerung der Städte Oakland und San Jose ist auch Bestandteil der Bevölkerung der Counties Alameda bzw. Santa Clara)

Die Tabelle zeigt, dass die Bevölkerung der Kernstädte San Francisco und Oakland von 1950 bzw. 1960 bis 1980 rückläufig war und seitdem wieder ein leichter Anstieg zu verzeichnen ist. Im Gegensatz zu den städtischen Zentren ist die Bevölkerung im suburbanen und exurbanen Raum teilweise um ein Vielfaches angestiegen. Auch der Anteil San Franciscos und Oaklands an der Gesamtbevölkerung der Bay-Area zeigt den Bedeutungsverlust der metropolitanen Zentren: Wurden sie im Jahr 1960 noch von ca. 30 % aller im Gesamtraum lebenden Menschen bewohnt, so ist dieser Anteil bis 2000 auf etwa 17 % zurückgegangen. Rechnet man San Jose hinzu, so betrug der Anteil der Kernstädte an der gesamten Bay-Bevölkerung 1950 ca. 36 % und ist bis 2000 auf ca. 30,5 % gesunken. Diese Zahlen zeugen vom Suburbanisierungsprozess. Er wurde und wird vor allem von der weißen Mittelschicht getragen und ist für den umfangreichen relativen und absoluten Rückgang der weißen Bevölkerung San Franciscos (wie aus Abbildung 3 ersichtlich wurde) mitverantwortlich. (HAHN 2002, 35 und 327). Der Fortzug von Teilen der Mittelschicht aus der Stadt in das Umland hat auch zur in Kapitel 3 erwähnten sozialen Polarisierung der Einwohner San Franciscos beitragen können. Das anhaltende Wachstum San Joses ist im Zusammenhang mit der Entwicklung des Silicon Valley zu erklären (siehe Kapitel 4.2.3)

Insgesamt war das Wachstum der Bay-Area jedoch geringer als im Jahre 1959 von der Armee (8,84

Millionen Einwohner in 2000) oder 1973 von den Bay-Area Regierungen (7,5 Millionen Einwohner in 2000) prognostiziert wurde (ADAMS 1976, 287).

Auch hinsichtlich der Entwicklung der Beschäftigungszahlen ist ein Bedeutungsverlust der Kernstädte zu verzeichnen. So stieg bspw. die Anzahl der im Dienstleistungssektor Beschäftigten von 1987 bis 1997 in San Francisco lediglich um 9 %, im vor allem von der Suburbanisierung begünstigten County San Mateo jedoch um 22 %, in Santa Clara, dem Hauptgebiet des Silicon Valley um 36 % und im exurbanen Marin County um 25 % an. (HAHN 2002, 322).

Im Folgenden wird die Entwicklung der einzelnen Teilräume der Bay-Area dargestellt.

4.2.2 Die Suburbanisierung San Franciscos und Oaklands

Frühe Formen des Suburbanisierungsprozesses fanden in San Francisco bereits im 19. Jahrhundert statt. Zu dieser Zeit bestand aber der Hauptteil der Ausdehung San Franciscos aus einem sukzessiven Flächenwachstum, was eher einen Urbanisierungs- als einen Suburbanisierungs-prozess darstellte und Letzeren überlagerte (siehe auch Kapitel 3). Durch den Bau der Eisenbahn gab es zunächst eine Bevölkerungs-Suburbanisierung in südliche Richtung, die wegen der relativ hohen Transportpreise der Bahngesellschaften vor allem von wohlhabenden San Franciscanern getragen wurde. Ebenfalls in der zweiten Hälfte des 19. Jahrhunderts wurden Fährlinien zur Ostseite der San Francisco-Bucht (heute: Alameda County) eingerichtet. Da die Transportpreise auch für Arbeiter erschwinglich waren, erfolgte eine Bevölkerungs-Suburbanisierung dieser Schichten in die East Bay und viele pendelten zu ihrem Arbeitsplatz nach San Francisco. Ab der Zwischenkriegszeit erfolgte eine verstärkte Industrialisierung und Verstädterung der East Bay, ausgehend von Oakland. Dieser Teilraum der Bay-Area ist hinsichtlich des Inlandverkehrs in einer verkehrsgünstigeren Lage als das auf einer Halbinsel gelegene San Francisco. (ADAMS 1976, 235 und 252 ff.).

Die East-Bay (mit Ausnahme der Universitätsstadt Berkeley) wuchs rasch zu einer Industrieregion heran. Es ließen sich vor allem Unternehmen der Schwerindustrie, der chemischen Industrie sowie des Schiffs- und Maschinenbaus nieder. Auch hat Oakland einen bedeutenden Hafen (vor allem für den Export), der seit 1965 mehr Güter abfertigt als der Hafen San Franciscos. (BLUME 1988, 360 ff.). Neben seiner Funktion als Industrie- und Hafenstadt entwickelte sich Oakland auch zu einem Standort des Militärs und der Rüstung. Aufgrund der Arbeiterknappheit während des 2. Weltkriegs kam es verstärkt zu einer Immigration schwarzer Arbeiter zugunsten dieser Branchen. (FLOETING/GOLM 1991, 147 und GODFREY 1988, 98).

Nachdem in der Nachkriegszeit in San Francisco ein Bauboom für Büroflächen einsetzte und sich z.B. 1959 ca. 86 % aller Büroflächen der Bay-Area in San Francisco befanden, kam es verstärkt ab den 1970er Jahren zu einer Suburbanisierung im Dienstleistungssektor. 1988 waren nur noch 38,35 % aller Büroflächen der Bay-Area in San Francisco angesiedelt. Trotz der Schaffung neuer Büros -vor allem für Finanzunternehmen- während der Manhattisierung San Franciscos (siehe Kapitel 3), konnte die steigende Nachfrage nur unzureichend gedeckt werden, so dass die Büromieten stark anstiegen (von 8 $ / m² und Monat in 1975 auf 31 $ / m² in 1981). Zusätzlich wurden viele Unternehmen dank neuerer Entwicklungen in der Telekommunikation auch unabhängiger von bestimmten (zentralen) Standorten und durch den Bau einer Schnellbahnlinie (BART – Bay Area Rapid Transit), die 1973 fertiggestellt wurde und San Francisco mit suburbanen Standorten wie Concord, Walnut Creek und Pleasant Hill verbindet, wurde zum einen das Pendeln der suburbanen Wohnbevölkerung nach San Francisco sowie auch die Entwicklung dieser Standorte erleichtert. Durch die genannten Faktoren setzte dann in den 1970er Jahren eine räumliche Trennung der Büronutzung ein: sogenannte *front offices* (Managementfunktionen) verblieben in San Francisco und die *back offices* (nachgeordnete, routinierte Bürotätigkeiten) wurden in suburbane Standorte verlagert. Ziel dieser Verlagerung waren überwiegend Standorte in den East-Bay Counties Contra Costa (wie Concord, Walnut Creek, Pleasant Hill etc.) und Alameda.

Zur gleichen Zeit wuchsen auch die Bürobestände im südlich von San Francisco gelegenen San Mateo County, insbesondere Daly City, Brisbane, San Bruno und South San Francisco, um ein Zehnfaches. Während der Hochphase dieses Prozesses, zwischen 1975 und 1985, sollen etwa 870.000 m² Bürofläche aus San Francisco in diesen suburbanen Raum verlagert worden sein. (FLOETING/GOLM 1991, 148 ff.). Auch die „Proposition M" von 1986 (Beschränkung des jährlichen Büroflächenwachstums im CBD auf 45.000 m², siehe Kapitel 3) dürfte die Dienstleistungs-Suburbanisierung weiter beschleunigt haben (GODFREY 1997, 318).

Ähnliche Suburbanisierungsprozesse setzten auch ausgehend von Oakland ein. Dort expandierte in der Nachkriegszeit ebenfalls der Büroflächenmarkt. Im Gegensatz zu San Francisco konzentrierten sich dort vor allem die Verwaltungen von Industrie- und Handelsgesellschaften. Die Verlagerungen erfolgten vor allem in die Städte Berkeley, deren wirtschaftliche Entwicklung auch durch die Universität begünstigt wurde und wird, und Emeryville im County Alameda. (FLOETING/GOLM 1991, 147 und 152).

4.2.3 Die Entwicklung der Hightech-Region Silicon Valley in der South-Bay

In der South-Bay konnte sich seit der Nachkriegszeit, verstärkt aber seit den 1970er Jahren, die Hightech-Region des *Silicon Valley* entwickeln. Das Gebiet ist räumlich und administrativ nicht scharf abgrenzbar. Das *Joint Venture Silicon Valley Network* beschreibt die räumliche Ausdehnung als „all of Santa Clara county as well as San Mateo county from Route 92 south, Scotts Valley in Santa Cruz County and Fremont, Newark and Union City in Alameda County" (Joint Venture Silicon Valley Network 2001, zitiert in: POHL/HEIDUK 2002, 243). Für Hahn „liegt [das Silicon Valley; D.G.] südöstlich von San Francisco und erstreckt sich entlang der Bucht bis zur Stadt San Jose." (HAHN 2002, 329).

Hauptcharakteristikum dieses Teilraums der Bay-Area ist, dass es als wichtiger Standort der Hochtechnologie, insbesondere für innovative Unternehmen der Halbleiter-, Kommunikations-, Informations- und Softwareindustrie als auch für die Bio-, Rüstungs- und Raumfahrttechnik, gilt. Nirgends in den USA gab es bis zur Krise der Informations- und Kommunikationsbranche um das Jahr 2000 mehr Unternehmensgründungen und -aufgaben als dort. (POHL/HEIDUK 2002, 243).

Vor der Etablierung der Hochtechnologie hieß ein großer Teil dieser einstmals dünn besiedelten Region „Garden Valley" und wurde zu weiten Teilen für den Obstanbau genutzt, der aber mittlerweile keine Rolle mehr spielt und weitgehend verschwunden ist. Das starke Anwachsen der Hochtechnologie ging insbesondere von der Stanford-Universität in Palo Alto, eine der Entwicklungszentren der Halbleitertechnologie, aus. Seit etwa 1960 kam es im Umfeld der Universität zu mehreren Wellen von Gründungen oftmals kleiner Unternehmen („spin offs") der genannten Branche und es konnten kreative und innovationsfreundliche Netzwerke entstehen. (HAHN 2002, 329 ff).

Des weiteren kam es auch vermehrt zur Ansiedlung von Zweigwerken mit Forschungs- und Entwicklungsabteilungen amerikanischer Großunternehmen wie General Electric, IBM oder Lockheed im dünn besiedelten suburbanen Raum. Landschaftsprägend sind im Silicon Valley keine Hochhäuser wie im CBD San Franciscos, sondern (zum Teil) verstreut liegende Flachbauten. (NUHN 1989, 260).

Angeregt durch Forschungsaufträge des Staates und von Großunternehmen wuchs das Silicon Valley heran, bis sich ab dem Jahr 2000 die bereits genannte Krise der Informations- und Kommunikationsindustrie auch dort bemerkbar machte. (HAHN 2002, 329 ff. und POHL/HEIDUK 2002, 243). Erkennbar ist der zeitweise Niedergang der Informations- und Kommunikationsbranche auch an der Entwicklung der Arbeitslosenquote im County Santa Clara. Im Jahr 2000 waren dort lediglich 2 % aller Erwerbspersonen arbeitslos, nur in den Counties Marin (1,7 %) und San Mateo

(1,6 %) lag die Arbeistlosenquote geringfügig darunter. Bis 2002 stieg die Zahl der Arbeitslosen in Santa Clara stark auf 8,5 % an und war somit die höchste Arbeitslosenquote der gesamten Bay-Area. (STATE OF CALIFORNIA 2002, 24 und STATE OF CALIFORNIA 2005).

Mittlerweile hat im Silicon Valley eine räumliche-funktionelle Aufspaltung stattgefunden. In den Höhenlagen von Los Altos, westlich von San Jose gelegen, haben sich die wohlhabenden Firmengründer der Mikroelektronik-Unternehmen niedergelassen. Um Palo Alto, Mountain View und Sunnyvale, nordwestlich von San Jose gelegen, befindet sich ein Industriegürtel mit einer Vielzahl kleinerer Unternehmen. Um und in San Jose haben sich größere Unternehmen mit Massenproduktion angesiedelt, so dass sich dort vor allem Arbeiter (oftmals Hispanics) niedergelassen haben, was eine Erklärung für das starke Wachstum San Joses zur mittlerweile größten Stadt der Bay-Area (vor San Francisco und Oakland) sein kann. (HAHN 2002, 329 ff., siehe ebenda für weitere Informationen über das Silicon Valley).

4.2.4 Die Entwicklung der exurbanen North-Bay

Die nördlichen Counties der Bay-Area, Marin, Napa, Solano und Sonoma erstrecken sich zwar über ca. 53,1 % der Bay-Area Fläche, wurden im Jahr 2000 aber nur von etwa 17,5 % aller Einwohner der Bay-Area bewohnt. Allerdings ist die Einwohnerzahl dieses Teilraums schneller gewachsen als die des Gesamtraums, da 1950 nur 12,7 % aller Bay-Area Bewohner in diesen Counties lebten (Daten berechnet aus STATE OF CALIFORNIA 2002, 2 und Tabelle 3).

In wirtschaftlicher Hinsicht spielen diese Counties eine untergeordnete Rolle. In ihrer Untersuchung über Beschäftigungs-Kerne („Employment Centers",abgekürzt E.C.'s) der Bay-Area, definiert als Orte mit mindestens 10.000 Beschäftigten und einer Mindestdichte von 7 Beschäftigten pro acre (1 acre entspricht ungefähr 4.047 m²), machten Cervero und Wu von 22 E.C.'s lediglich zwei (San Rafael in Marin und Vallejo in Solano) in der North-Bay aus. (CERVERO/WU 1997, 870). Somit ist die North-Bay eher Zielraum einer (mäßigen) Bevölkerungs- als einer wirtschaftlichen Suburbanisierung.

Einer zu starken Zersiedelung stehen in dieser Teilregion auch einige Schutzmaßnahmen entgegen. So wurde 1972 im Marin County ein Naturschutzgebiet („Golden Gate National Recreation Area") von 14.000 ha und 45 Km Küstenlinie angelegt. (BLUME 1988, 365).

Dank des *Land Conservation Acts* von 1965 wurde durch die Förderung einer nachhaltigen und langfristigen landwirtschaftlichen Nutzung (Weinbau) im Napa-Valley der Bodenspekulation Einhalt geboten, worin Kandler und Ambos einen Grund der Verhinderung des Überschwappens der

Suburbanisierung aus San Francisco in diesen Teilraum sehen (KANDLER/AMBOS 1994, 614).

Die North-Bay, insbesondere Sonoma und Napa, gilt als Kernland des kalifornischen Weines. (KANDLER/AMBOS 1994, 609 und QUACK 2003, 35 und 338). Mitte der 1990er Jahre gab es bspw. im Napa Valley eine Rebfläche von ca. 33.000 acres (ca. 133,5 Km²), die den früher ebenfalls in dieser Region befindlichen Obstanbau nahezu völlig verdrängt hat. Kandler und Ambos gehen davon aus, dass der Weinanbau mittlerweile die Wirtschaft des Napa Valleys dominiert. So waren Mitte der 1990er Jahre in Sankt Helena, der größten Gemeinde des Napa Valleys, ca. 14 % der Beschäftigten in der Landwirtschaft tätig. Auch hat der Weinanbau viele Hispanics (16 % der Einwohner St. Helenas waren Mitte der 90er Jahre Mexikaner) angezogen, die oft als Weinarbeiter tätig sind. (KANDLER/AMBOS 1994, 621 f.).

Die North-Bay dient dank ihrer landschaftlichen Vorzüge, wie dünne Besiedlung, Weinbesichtigung, guten Wandermöglichkeiten (Küstenkordillere), Badeorten usw. auch als beliebtes (Tages-) Ausflugsziel für Touristen aus den südlicheren Bay-Area Counties (ebenda, 614).

4.3 Die heutige Situation und Probleme der Bay-Area

Die folgende Abbildung zeigt die Bevölkerungsdichte in den jeweiligen Bay-Area Counties.

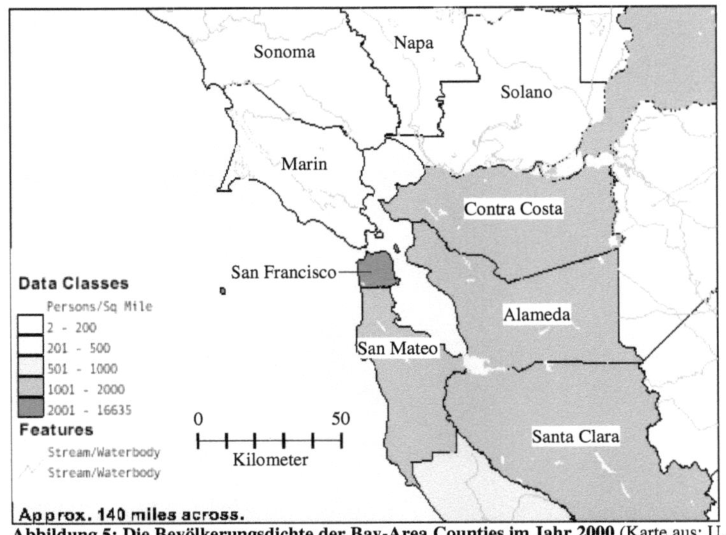

Abbildung 5: Die Bevölkerungsdichte der Bay-Area Counties im Jahr 2000 (Karte aus: U.S. CENSUS BUREAU 2000b. County-Beschriftung und Maßstab: Eigene Darstellung. Anmerkung: 1 Quadratmeile (Sq Mile) = ca. 2,59 Km²).

Am höchsten ist die Dichte in San Francisco, jedoch ist auch die hohe Dichte der suburbanen Counties und des Silicon Valley (Santa Clara County) zu erkennen. Die exurbanen Counties der North-Bay weisen eine weitaus geringere Bevölkerungsdichte auf.

Die nachstehende Karte gibt eine Übersicht über das im Jahr 2000 erwirtschaftete Pro-Kopf-Einkommen in US-Dollar. Insgesamt liegt das Pro-Kopf-Einkommen in der gesamten Bay-Area über dem kalifornischen Durchschnitt, der im betrachteten Jahr bei 22.711 US-Dollar lag. Lediglich das County Solano hatte ein Pro-Kopf-Einkommen, das mit 21.731 US-Dollar unter dem kalifornischen Durchschnitt angesiedelt war. (U.S. CENSUS BUREAU 2000b). Die Karte zeigt, dass das Einkommen im Marin und San-Mateo County am höchsten ist. Geringere Einkommen werden in der Industrieregion Alameda County sowie in den eher ländlich geprägten Counties Napa, Solano und Sonoma erzielt.

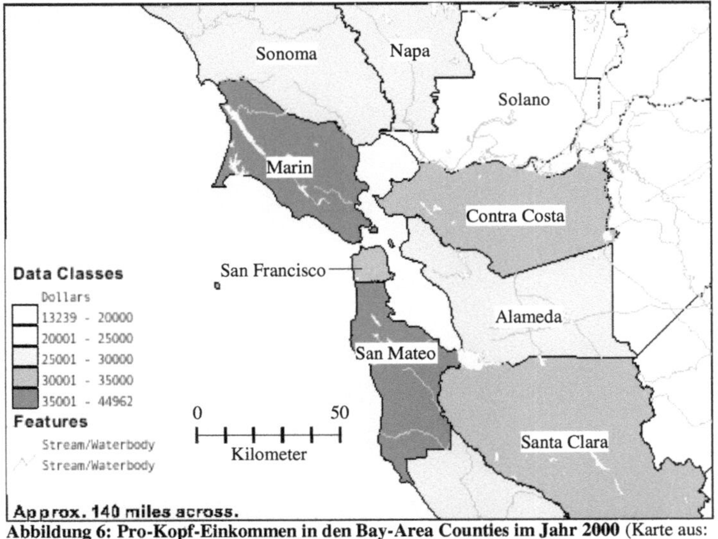

Abbildung 6: Pro-Kopf-Einkommen in den Bay-Area Counties im Jahr 2000 (Karte aus: U.S. CENSUS BUREAU 2000b. County-Beschriftung und Maßstab: Eigene Darstellung).

Insgesamt beschreibt Godfrey den Suburbanisierungsprozess als Umwandlung einer auf San Francisco ausgerichteten monozentrischen in eine polyzentrische Siedlungsstruktur (GODFREY 1997, 319). Mittelpunkte des polyzentrischen Systems sind für Hahn neben den Kernstädten 10-12 sogenannte *Edge-Cities* rund um die San Francisco Bucht, die er aber nicht weiter benennt (HAHN 2002, 327). Als Edge-Cities werden Städte im suburbanen Raum einer Kernstadt bezeichnet, die vor

18

allem als Auslagerungsstandorte für Bürodienstleistungen dienen und mehr Arbeitsplätze als Einwohner haben (LICHTENBERGER 1998, 47. Siehe ebenda für weitere statistische Merkmale von Edge-Cities). Das bereits erwähnte Konzept der Beschäftigungskerne von Cervero und Wu beschreibt eine ähnliche Siedlungsstruktur der Bay-Area, insbesondere für die südlichen Bay-Area-Counties mit den Kernstädten San Francisco, Oakland und San Jose. Zu den Beschäftigungskernen zählen neben den Kernstädten auch 19 weitere Städte im sub- bzw. exurbanen Umland (dabei handelt es sich um sämtliche im rechten Teil der Abbildung 1 kartierten Städte), von denen lediglich 2 in den North-Bay Counties liegen. (CERVERO/WU 1997, 868 und 870).

Lang und LeFurgy stellen der Edge-City die *Edgeless-City* als räumliche Struktur des suburbanen Raums gegenüber. Im Gegensatz zur Edge-City werden sie nicht als ein zusammengehöriger Wohn- bzw. Wirtschaftsstandort wahrgenommen. Edgeless-Citites können sich über viele Dutzend oder Hundert Quadratkilometer erstrecken. Bürostandorte bilden keine Cluster, wie in Edge-Cities, sondern sind über den suburbanen Raum zerstreut. Untersuchungen für den Großraum San Francisco ergaben, dass im Jahr 1999 bereits 43,4 % des gesamten Büroraums in Edgeless-Cities, 33,9 % im san franciscanischen CBD, aber nur noch 13,9 % in Edge-Cities vorgefunden wurden. Die Entwicklung in den 1990er Jahren war dergestalt, als dass der Büroraum-Anteil des CBDs und der Edgeless-Cities angestiegen, jener der Edge-Cities aber abgesunken ist (allerdings nennen die Autoren keine konkreten Zahlen für diese Erscheinung). (LANG/LEFURGY 2003, 437 ff.).
Nicht nur das Ansteigen der Mieten im CBD San Franciscos, sondern auch im suburbanen Raum dürften das Wachsen der Edgeless-Cities mit ihren zunächst geringen Bodenpreisen angeregt haben (FLOETING/GOLM 1991, 157). Ein Problem der Bay-Area (mit Ausnahme der North-Bay) ist somit auch die Zersiedelung der Landschaft.
Weitere Problembereiche sehen Floeting und Golm im fehlenden Finanzausgleich der Gemeinden, zu dem auch die Tatsache beiträgt, dass die Kernstädte zunehmend von Unternehmens- auslagerungen betroffen sind, was durch den Wegfall von Steuereinnahmen zu polarisierenden Entwicklungen führen kann. Darüber hinaus seien die regionalen Organisationsstrukturen nicht in der Lage, die Infrastrukturprobleme zu lösen.(FLOETING/GOLM 1991, 159).

Die Hypothese, dass durch eine Suburbanisierung der Bevölkerung und der Arbeitsplätze die durchschnittlichen Pendler-Distanzen sinken (sogenannte „colocation hypothesis"), konnte von Cervero und Wu für den Zeitraum von 1980 bis 1990 widerlegt werden. So haben sie festgestellt, dass die durchschnittliche Pendlerdistanz um 12 % und die durchschnittliche Fahrtdauer um 5 % angestiegen ist. Des weiteren gab es folgende Veränderungen in der Wahl des Transportmittels: Der

Anteil des ÖPNVs ist in allen untersuchten Teilräumen der Bay-Area abgesunken und spielte 1990 nur noch in San Francisco mit 37,42 % der Pendelfahrten eine größere Rolle (East-Bay: 13,14 %, suburbaner Raum, Silicon-Valley und San Jose: unter 4 %). Das eigene Automobil (Alleinfahrer) war im genannten Zeitraum als Pendlerfahrzeug auf dem Vormarsch und konnte in der Bay-Area von 1980-1990 um ca. 5 % zulegen. Es dominiert vor allem außerhalb San Franciscos mit 61,32 % (East-Bay) und je ca. 80 % (Silicon-Valley, San Jose, suburbaner Raum). In San Francisco wurden Kraftfahrzeuge 1990 für 36,30 % der Pendlerfahrten genutzt. Die genannten Entwicklungen führen zu höheren individuellen aber auch gesellschaftlichen Kosten, die auch eine verkehrsverursachte Umweltbelastung einschließen. (CERVERO/WU 1998, 1067 und 1070).

Ein besonderes -naturgegebenes- Problem des Großraums San Francisco stellt die permanente Erdbebengefahr dar. Unter der Region verlaufen die San Andreas- sowie die Hayward- und die Calaveras-Verwerfung. Das sind Bruchlinien entlang der Zone des Aufeinandertreffens der pazifischen und der nordamerikanischen Platte. Da die pazifische Platte 2-6 cm pro Jahrtausend in nordwestliche Richtung driftet, entstehen Spannungen, die sich zeitweise als Erdbeben entladen. Erst 1989 gab es wieder ein großes Beben in San Francisco mit 64 Toten, über 3.700 Verletzten und etwa 7 Mrd. US-Dollar Sachschaden. Dennoch berichtet Hahn, dass das bebenbezogene Problembewusstsein der Bevölkerung eher als gering einzuschätzen ist. (HAHN 2002, 444 f.)
Adams berichtete bereits in den 1970er Jahren davon, dass in der Bay-Area, ausgenommen San Francisco, im Zuge der Ausweitung des menschlichen Siedlungs- und Wirtschaftsraums wenig Rücksicht auf dieses Naturphänomen genommen wurde. So wurden größere öffentliche Gebäude, wie z.B. Schulen, ebenso in unmittelbarer Nähe der Hauptbebenzonen gebaut wie Wohngebäudeblocks, Parkanlagen und Einfamilienhaussiedlungen (ADAMS 1976, 243).

5 Schlussbetrachtung

Die vorliegende Arbeit hat Folgendes über die Entwicklung der Stadtregion San Francisco dargestellt:
Der Kern der Stadtregion ist San Francisco. Diese Stadt konnte sich von einem Goldgräber-stützpunkt 1848 bis heute in eine World-City wandeln. Bereits im 19. Jahrhundert bildete sich ein CBD als zentraler Standort für Finanzdienstleistungen und Handel und ein wichtiger Hafen heraus, so dass San Francisco bis etwa 1940 die wichtigste Stadt des amerikanischen Westens war.

Durch die Ansiedlung der Rüstungsindustrie sowie anderer Hochtechnologien erlebte San Francisco seit dem 2. Weltkrieg auch eine Bedeutung als moderner Industriestandort, jedoch reduzierte sich die Bedeutung des Industriesektors im Rahmen des sektorellen Wandels bis heute zu Gunsten der Dienstleistungsbranche.

Das Bevölkerungswachstum der Stadt wurde bis zum 2. Weltkrieg vor allem von Weißen (Europäern) und zeitweise von Chinesen getragen. Während des Krieges wanderten vor allem Schwarze als Arbeiter für die Rüstungsindustrie ein. In der Nachkriegszeit verschoben sich die Herkunftsgebiete der Immigranten nach Lateinamerika (Hispanics) und aus Asien wanderten außer Chinesen und Japanern auch verstärkt Philippinos ein. Die verschiedenen Ethnien konzentrieren sich teilweise in bestimmten Stadtvierteln, wie China-Town (Chinesen), Mission District (Hispanics) oder im Südost-Teil der Stadt (Schwarze).

In einigen Stadtvierteln San Franciscos (Haight-Ashbury und andere) machten sich Gentrifizierungsprozesse bemerkbar. Diese hatten zwar eine bauliche und wirtschaftliche Aufwertung der jeweiligen Viertel zur Folge, jedoch kam es auch zu einer Verdrängung ärmerer Bevölkerungsschichten, so dass San Francisco heute eine Stadt mit fortgeschrittener sozial-räumlicher Polarisierung ist. Dieser Umstand ist auch insbesondere durch die Suburbanisierung der weißen Mittelschichten gefördert worden.

Durch die Suburbanisierungsprozesse dehnte sich nicht nur San Francisco, sondern auch Oakland und San Jose ins Umland aus. Neben der ins jeweilige Umland gerichteten Bevölkerungswanderung wurden vor allem aus San Francisco viele Büro-Arbeitsplätze des Back-Office-Bereichs in den suburbanen Raum ausgelagert, so dass vor allem Front-Offices im CBD der Stadt verblieben und sich die Büroflächen im suburbanen Raum innerhalb weniger Jahrzehnte vervielfachten.

Ausgehend von der Stanford Universität bildete sich insbesondere im County Santa Clara mit der Kernstadt San Jose die Hightech-Region „Silicon Valley" heraus. Neben der Gründung kleiner, innovativer Hochtechnologie-Unternehmen kam es auch zur Ansiedlung von Forschungsstätten amerikanischer Großunternehmen. Durch private und öffentliche Forschungsaufträge, sowie dem allgemeinen Aufstieg der Informations- und Kommunikationsindustrie erlebte diese Region in den letzten Jahrzehnten ein starkes Bevölkerungs- und Wirtschaftswachstum. Zumindest Letzteres ist um das Jahr 2000 von einer Krise erschüttert worden, so dass es zum starken Anwachsen der Arbeitslosigkeit gekommen ist.

Die Counties nördlich der Bucht sind dünner besiedelt und bilden eine exurbane Zone. Ihre wirtschaftliche Bedeutung konnte sich vom Obstanbau zum Weinanbau wandeln. Umwelt-schutzauflagen konnten bisher das Übergreifen des metropolitanen Wachstums in diesen Raum

verhindern. Die North-Bay dient vielen Bewohnern der Bay-Area außerdem als Naherholungsgebiet.

Insgesamt findet man heute die Bay-Area (mit Ausnahme der North-Bay) als dicht besiedelte, polyzentrische Metropolitanregion vor. Durch die Prozesse der Suburbanisierung verloren die Kernstädte, mit Ausnahme der heute größten Stadt der Bay-Area, San Jose, an Bedeutung. Es bildeten sich rings um die Bay Edge-Cities, in denen viele Arbeitsplätze entstanden. Doch auch zwischen diesen zentralen Orten dehnte sich die Siedlungs- und Wirtschaftsfläche in den Raum aus. Heute befindet sich der Großteil der Büroräume in diesem als „Edgeless-City" benannten „Zwischenraum", wo keine Hochhäuser, sondern niedrige, einzeln stehende Bürokomplexe die Landschaft prägen. Konsequenz dieser Vorgänge ist eine starke Zersiedelung der Landschaft.

Bedingt durch innerstädtische wie auch innerregionale räumliche Bevölkerungsbewegungen hat insbesondere in den Kernstädten eine soziale Polarisierung stattgefunden. Die ärmeren Bevölkerungsschichten verbleiben in der Kernstadt. Weiterhin siedelten viele Unternehmen von den Kernstädten in den suburbanen Raum um. Die Kernstädte haben vermehrt mit wirtschaftlichen Problemen und Steuereinnahme-Rückgängen zu kämpfen. Durch einen fehlenden Finanzausgleich wird diesen Problemen nicht entgegen gewirkt.

Weiterhin kam es durch die beschriebene regionale Entwicklung zu einem starken Anwachsen des Verkehrs mit ansteigenden Pendelwegen pro Pendler, die außerdem außer in Kernstadtbereichen fast ausschließlich auf das eigene Auto zurückgreifen. Durch die überlastete Verkehrsinfrastruktur entstehen hohe private und soziale Kosten sowie Umweltprobleme.

Darüber hinaus wurde nicht in allen Teilen der Bay-Area die permanente Erdbebengefährdung beachtet, so dass viele öffentliche und private Gebäude in stark erdbeben gefährdeten Bereichen liegen.

Literatur

ADAMS, J. S. (1976): Contemporary Metropolitan Cities 2: Nineteenth Century Ports. Cambridge, Massachusetts.

BLUME, H. (1988): USA – Eine Geographische Landeskunde II: Die Regionen der USA. Darmstadt. (2. Auflage). (=Wissenschaftliche Länderkunden Band 9).

BRAKE, K. (2001): Neue Akzente der Suburbanisierung. Suburbaner Raum und Kernstadt: eigene Profile und neuer Verbund, in: BRAKE, K./DANGSCHAT, J. S./HERFERT, G. (Hrsg.): Suburbanisierung in Deutschland: Aktuelle Tendenzen. Opladen, 15-26.

CERVERO, R./WU, K.-L. (1997): Polycentrism, commuting, and residential location in the San Francisco Bay area. In: Environment and Planning A, (29), 865-886.

CERVERO, R./WU, K.-L. (1998): Sub-centring and Commuting: Evidence from the San Francisco Bay Area, 1980-90. In: Urban Studies, (35) 7, 1059-1076.

CHASE, H. W./COCHRAN, T. C./COOKE, J. E./DALY, R. W./GARRETT, W./MULTHAUF, R. P. (Hrsg.) (1976): Dictionary of American History, Volume VI. New York.

DATEL, R. E./DINGEMANS, D. J. (1988): Why Places are Preserved: Historic Districts in American and European Cities. In: Urban Geography, (9) 1, 37-52.

FINZSCH, N. (1982): Die Goldgräber Kaliforniens. Göttingen. (=Kritische Studien zur Geschichtswissenschaft, Bd. 13).

FLOETING, H./GOLM, S. (1991): San Francisco Bay Area – Strukturwandel einer Stadtregion. In: Die Erde, (122) 1/2, 145-160.

FLORIDA, R. (2002): Bohemia and economic geography. In: Journal of Economic Geography, (2002) 2, 55-71.

FRIEDMANN, J. (1995): Where we stand: a decade of world city research. In: Knox, P. L./Taylor P. J. (Hrsg.): World cities in a world-system. Cambridge. 21-47.

GODFREY, B. J. (1988): Neighborhoods in Transition – The Making of San Francisco' s Ethnic and Nonconformist Communities. Berkeley, Los Angeles, London. (=University of California Publications in Geography, Volume 27).

GODFREY, B. J (1997).: Urban Development and Redevelopment in San Francisco. In: The Geographical Review, (87) 3, 309-333.

HAHN, R. (2002): USA – Neue Raumentwicklungen oder eine Neue Regionale Geographie. Gotha und Stuttgart. (2. Auflage). (=Perthes Länderprofile).

HEINEBERG, H. (2000): Grundriß Allgemeine Geographie: Stadtgeographie. Paderborn, München, Wien, Zürich.

JOHNSON, T. H. (1966): The Oxford Companion to American History. New York

KANDLER, O./AMBOS, R. (1994): Weinbau im Napatal / Kalifornien. In: Mainzer Geographische Studien, Band 40, 609-624.

LANG, R. E./LEFURGY, J. (2003): Edgeless Cities: Examining the Noncentered Metropolis. In: Housing Policy Debate, (14) 3, 427-460.

LICHTENBERGER, E. (1998): Stadtgeographie 1: Begriffe, Konzepte, Modelle, Prozesse. Stuttgart, Leipzig. (3. Auflage). (=Teubner Studienbücher der Geographie).

METROPOLITAN TRANSPORTATION COMMISSION (MTC)/ASSOCIATION OF BAY AREA GOVERNMENTS (ABAG) (Hrsg.) (2000): Selected Census 2000 Data for the San Francisco Bay-Area. In: http://www.bayareacensus.ca.gov (07.05.2005).

MÜLLER, W./ROHR-ZÄNKER, R. (2001): Amerikanisierung der Peripherie in Deutschland? In: BRAKE, K./DANGSCHAT, J. S./HERFERT, G. (Hrsg.): Suburbanisierung in Deutschland: Aktuelle Tendenzen. Opladen, 27-39.

NUHN, H. (1989): Technologische Innovation und industrielle Entwicklung. Silicon Valley – Modell zukünftiger Regionalentwicklung? In: Geographische Rundschau, (41) 5, 258-265.

POHL, N./HEIDUK, G. (2002): Silicon Valley's Innovative Milieu: A Cultural Mix of Entrepreneurs/ An Entrepreneurial Mix of Cultures? Experiences of European Firms. In: Erdkunde, (56) 3, 241-252.

QUACK, U. (2003): USA-Westen. Dormagen. 11. Auflage.

STATE OF CALIFORNIA (Hrsg.) (2002): California Statistical Abstract. Sacramento, California.

STATE OF CALIFORNIA 2004 (Hrsg.) (2005): REPORT 400 C: Monthly Labor Force Data for Counties. Annual Average - 2002 Revised. In: http://www.calmis.ca.gov/HTMLFILE/subject/lftable.htm (07.05.2005).

U.S. CENSUS BUREAU (Hrsg.) (2000a): San Francisco County, California. In: http://factfinder.census.gov/servlet/SAFFFacts?_event=ChangeGeoContext&geo_id=05000US0607 5&_geoContext=&_street=&_county=San+Francisco&_cityTown=San+Francisco&_state=04000U S06&_zip=&_lang=en&_sse=on&ActiveGeoDiv=&_useEV=&pctxt=fph&pgsl=010. (07.05.2005)

U.S. CENSUS BUREAU (Hrsg.) (2000b): California. In: http://factfinder.census.gov/servlet/SAFFFacts?_event=Search&geo_id=16000US0609780&_geoC ontext=01000US%7C04000US06% 7C16000US0609780&_street=&_county=&_cityTown=&_state=04000US06&_zip=&_lang=en&_ sse=on&ActiveGeoDiv=geoSelect&_useEV=&pctxt=fph&pgsl=160 (07.05.2005).

ZHOU, M./GATEWOOD, J. V. (2000): Mapping the Terrain: Asian American Diversity and the Challenges of the Twenty-First Century. In: Asian American Policy Review, (9), 5-29.